BEI GRIN MACHT SICH IHR WISSEN BEZAHLT

- Wir veröffentlichen Ihre Hausarbeit,
  Bachelor- und Masterarbeit

- Ihr eigenes eBook und Buch -
  weltweit in allen wichtigen Shops

- Verdienen Sie an jedem Verkauf

Jetzt bei www.GRIN.com hochladen und kostenlos publizieren

Berit Haberlag

Aufgabentypen beim Sachrechnen

GRIN Verlag

Bibliografische Information der Deutschen Nationalbibliothek:

Die Deutsche Bibliothek verzeichnet diese Publikation in der Deutschen National-
bibliografie; detaillierte bibliografische Daten sind im Internet über http://dnb.d-
nb.de/ abrufbar.

Impressum:

Copyright © 2004 GRIN Verlag GmbH
Druck und Bindung: Books on Demand GmbH, Norderstedt Germany
ISBN: 978-3-638-65612-2

Dieses Buch bei GRIN:

http://www.grin.com/de/e-book/41565/aufgabentypen-beim-sachrechnen

GRIN - Your knowledge has value

Der GRIN Verlag publiziert seit 1998 wissenschaftliche Arbeiten von Studenten, Hochschullehrern und anderen Akademikern als eBook und gedrucktes Buch. Die Verlagswebsite www.grin.com ist die ideale Plattform zur Veröffentlichung von Hausarbeiten, Abschlussarbeiten, wissenschaftlichen Aufsätzen, Dissertationen und Fachbüchern.

Besuchen Sie uns im Internet:

http://www.grin.com/

http://www.facebook.com/grincom

http://www.twitter.com/grin_com

Technische Universität Braunschweig

Fachbereich für Geistes- und Erziehungswissenschaften

Institut für Didaktik der Mathematik und Elementarmathematik

Hausarbeit zum Seminar:
Sachrechnen und Größen

Thema der Hausarbeit: Aufgabentypen beim Sachrechnen

Vorgelegt von: Berit Haberlag

Studiengang: Lehramt für Grund-, Haupt- und Realschulen
(Schwerpunkt Grundschule)

Abgabetermin: 05.11.2003

Note: 1-

1

Inhalt

1 Einleitung

Sachrechnen wird sehr oft noch mit dem Bearbeiten von Textaufgaben gleichge-
setzt, dabei stellen die Textaufgaben jedoch nur einen möglichen Aufgabentyp beim
Sachrechnen dar. In der Mathematikdidaktik findet man zu diesem Themenbereich
zahlreiche mögliche Unterscheidungen der Aufgabentypen beim Sachrechnen.

Ich werde in den folgenden Ausführungen zunächst die Klassifikation der Aufgabentypen nach Radatz und Schipper und danach die Klassifikation nach Käpnick vor-
stellen, ehe ich auf die Beschreibung des didaktischen Stufenmodells zur Behand-
lung von Größenbereichen eingehe.

In meinem daran anschließenden Praxisteil stelle ich eine von mir durchgeführte
Fallstudie zu den Aufgabentypen beim Sachrechnen nach Käpnick vor. Ein von mir
in einer vierten Klasse zum Thema Sachrechnen durchgeführtes Interview schließt
den Praxisteil ab.

2 Unterscheidung der Aufgabentypen beim Sachrechnen

2.1 Klassifikation der Aufgabentypen nach Radatz und Schipper

Radatz und Schipper[1] unterscheiden nach ihrer Klassifikation von 1983 beim Sachrechnen zwischen drei Aufgabentypen, den eingekleideten Aufgaben, den Text- und
den Sachaufgaben bzw. dem Sachrechenproblem.

2.1.1 Eingekleidete Aufgaben

Unter eingekleideten Aufgaben verstehen Radatz und Schipper[2] Aufgaben bzw.
Rechenoperationen, die in Texte eingekleidet sind, ohne einen Realitätsbezug auf-
zuweisen. Der Sachkontext ist eigentlich unwichtig und beliebig austauschbar.

Mit den eingekleideten Aufgaben sollen mathematische Begriffe und Rechenfertigkeiten angewendet und geübt werden.

Als Beispiel dazu kann die nachstehende Aufgabe angeführt werden:

---

[1] Vgl. Radatz,H; Schipper,W: Handbuch für den Mathematikunterricht, S. 130.

[2] Vgl. Radatz,H; Schipper,W: Handbuch für den Mathematikunterricht, S. 130.

In einer Tüte Bonbons befinden sich noch 12 Bonbons. Die Bonbons sollen gleichmäßig auf vier Kinder verteilt werden. Wie viele Bonbons bekommt jedes Kind?

2.1.2 Textaufgabe

Bei den Textaufgaben handelt es sich um Aufgaben, die in Textform dargestellt werden. Die Sache ist auch hier genau wie bei den eingekleideten Aufgaben überwiegend bedeutungslos und austauschbar, da es nur auf die rechnerische Umsetzung ankommt. „Die Vielfältigkeit und Komplexität der Sache in der Realität werden nicht berücksichtigt [...].“[3]

Radatz und Schipper bezeichnen die Textaufgabe auch als schulisch e Kunstform, da die dargestellten Probleme sich in dieser Art und Weise nicht im Alltag stellen würden. Des Weiteren findet man diesen Aufgabentyp am häufigsten in Schulbüchern und er bildet den Schwerpunkt des traditionellen Sachrechnens.

Die Textaufgaben sollen die mathematischen Fähigkeiten fördern, wobei die Schüler[4] den gesamten Sachkomplex, d.h. den Text, durchschauen können müssen. Eine der Hauptschwierigkeiten beim Lösen von Textaufgaben ist das Übertragen der Informationen, die in dem jeweiligen Text gegeben werden, in eine mathematische Gleichung.

Beispiel:

> *Tina hat zum Geburtstag 20 € bekommen. Davon kauft sie sich ein Buch für 9,95 € und einen Schlüsselanhänger für 2,50 €.*

2.1.3 Sachaufgabe bzw. Sachrechenproblem

Zu der Grundvoraussetzung bei der Bearbeitung von Sachaufgaben gehört die Einsicht in die jeweils konkreten Sachzusammenhänge, da bei diesem Aufgabentyp die Sache selbst mitdiskutiert wird. Während die Sache bzw. Umwelt im Vordergrund steht, liefert die Mathematik nur die Hilfsmittel für die Bearbeitung der Aufgabe oder des Problems.

---

[3] Radatz, H.; Schipper, W: Handbuch für den Mathematikunterricht, S.130.
[4] Im Text steht „Schüler", sofern nicht besonders erwähnt, für Schüle rinnen und Schüler.

Das Lernziel ist Anwenden des mathematischen Wissens in realistischen Situationen. Um Sachrechenprobleme lösen zu können, müssen die Schüler oft noch Materialien sammeln. Bei der Bearbeitung und Lösung derartiger Sachaufgaben wird über den Mathematikunterricht hinausgegangen, so dass auch fächerübergreifender Unterricht stattfindet.

Da dieser Aufgabentyp anwendungsorientierten, kreativen und lebensnahen Unterricht und auch Lernen ermöglicht, zählt die Sachaufgabe bzw. das Sachrechenproblem zum neuen Sachrechnen.

Beispiel:

> *„Den Klassenausflug in den Harz können wir mit dem Bus oder mit der Bundesbahn durchführen. Was ist preiswerter? praktischer? Welche Kosten kommen noch hinzu? Wie teuer kommt der Ausflug für jeden Schüler?"[5]*

2.2 Klassifikation nach Käpnick

Käpnick[6] unterscheidet in seiner 1995 erstellten Klassifikation der Aufgabentypen beim Sachrechnen nicht nur drei Aufgabentypen wie Radatz und Schipper, sondern sechs verschiedene Aufgabentypen.

2.2.1 Zahlen- und Rechenrätsel

Nach Käpnick werden unter Zahlen- und Rechenrätseln Aufgabenkonstruktionen verstanden, die in Worte gefasst sind und keinen konkreten Realitätsbezug aufweisen.

Durch diesen Aufgabentyp sollen die Schüler die Anwendung der Rechenfertigkeiten und den richtigen Gebrauch der mathematischen Fachbegriffe lernen. Weiterhin kann diese Form der Aufgaben auch die Kreativität fördern, wenn eine mathematische Struktur vorgegeben ist und die Schüler dann selbst Zahlen- und Rechenrätsel erfinden. Sie liefern aber auch einen „Beitrag zur Entwicklung des sinnverstehenden Lesens"[7], da die Schüler die Formulierungen verstehen müssen, um das „Rätsel" lösen zu können.

---

[5] ebd., S.130.

[6] Vgl. Fuchs, M.: Lösen von Sachaufgaben, S.3.

[7] Fuchs, M.: Lösen von Sachaufgaben, S.4.

Als Haupttätigkeiten beim Lösen von Zahlen- und Rechenrätseln gibt Käpnick an, dass die Schüler den Text analysieren und in eine mathematische Gleichung übersetzen. Im Anschluss an diesen Schritt folgen das Lösen der mathematischen Aufgabe und die Kontrolle des Ergebnisses.

Ist bei einem Zahlen- und Rechenrätsel nur die mathematische Gleichung vorgegeben, so müssen die Schüler zu der Aufgabe einen passenden Text erfinden.

Beispiel:

> *Ich denke mir eine Zahl.*
> *Die Zahl ist größer als 28, aber kleiner als 40 und durch 7 teilbar.*

2.2.2 Textaufgaben

Textaufgaben werden in Textform präsentiert. Die Vielfalt „und Komplexität des entsprechenden Sachverhalts in der Realität werden nicht berücksichtigt"[8]. Somit hat auch der dargestellte Inhalt meistens keine weitere Bedeutung und ist beliebig austauschbar.

Das Ziel von Textaufgaben besteht in der „Befähigung zum Anwenden mathematischer Kompetenzen"[9] und im „Erlernen elementaren mathematischen Modellierens"[10]. Ebenso wie bei den Zahlen- und Rechenrätseln ist auch bei den Textaufgaben eine Grundvoraussetzung zum Lösen der Aufgabe, dass die Schüler den Text sowohl verstehen als auch analysieren können. Darüber hinaus muss der Text dann noch in eine formale mathematische Struktur umgewandelt werden. Auch das Finden der Lösung, das Formulieren eines Antwortsatzes und die Kontrolle des Ergebnisses erfolgen.

Beispiel:

> *„Für eine Geburtstagsparty hat Holger im Garten drei Leinen für*
> *Lampions gespannt. Er will insgesamt 18 Lampions aufhängen.*
> *Wie viele muß er an jede Leine hängen, wenn er sie gleichmäßig*
> *verteilen will?"[11]*

---

[8] ebd., S.5.
[9] ebd., S.5.
[10] ebd., S.5.
[11] Ernst, G.; Leiniger, P.: Rechenbegleiter 3. Schuljahr, S. 8.

2.2.3 Rechengeschichten

Unter Rechengeschichten werden mathematische Sachverhalte verstanden, die in einem Bild als Alltags- oder auch als Fantasiesituation dargestellt werden. Dazu bedarf es aber nicht immer eines Bildes, denn Rechengeschichten lassen sich auch aus Zahlen und anderen mathematischen Begriffen entwickeln.

Das Erfinden, Erzählen und Lösen der Rechengeschichten fördert die Fantasie der Schüler. Sie werden zum „komplexen Anwenden mathematischer Kompetenzen"[12] befähigt und üben das mathematische Modellieren. Zu den fächerübergreifenden Lernzielen gehören das Erzählen von Geschichten, das Interpretieren von Bildern und das Kommunizieren.

Tätigkeiten beim Aufgabenlösen sind das Analysieren und Interpretieren, das Lösen der Aufgaben, das Erzählen der Rechengeschichte, das Kommunizieren untereinander und das sinnvolle Integrieren des mathematischen Zusammenhangs in eine Situation.[13]

Beispiel:

Erfinde eine Rechengeschichte zu den Begriffen „Hund - Eis - 3 €".

2.2.4 Rollenspiele

Die Kennzeichen von Rollenspielen sind „freundbetontes, realistisches, komplexes Üben und Anwenden mathematischer Kompetenzen"[14].

Rollenspiele stellen höhere Anforderungen an die Schüler, da sie auf Fragen und Forderungen ihres Gegenüber eingehen, den zu zahlenden Betrag ausrechnen sowie z.B. Wechselgeld herausgeben müssen. Außerdem können auch verschiedene Lernmittel mit einbezogen werden, wie z.B. authentische Materialien, die die Schüler selbst mitgebracht haben.

Die Lernziele bestehen darin, dass die Schüler die mathematischen Kompetenzen flexibel anwenden können. Weiterhin sollen die Schüler in einem Rollenspiel erkennen können, dass sie das im Mathematikunterricht Gelernte, wie z.B. Addition,

---

[12] Fuchs, M.: Lösen von Sachaufgaben, S.6.

[13] ebd., S.6.

[14] ebd., S.7.

Subtraktion, Multiplikation usw. brauchen, um im Alltag zurecht zu kommen. Auch fächer-übergreifende Lernziele spielen bei diesem Aufgabentyp eine große Rolle. Zu ihnen gehören z.b. die Förderung der sachgerechten Kommunikation unter den Mitschülern oder auch die Befähigung zum freien Sprechen.

Während eines Rollenspiels müssen die Schüler die Situation analysieren, Fragen formulieren und beantworten, spontan auf Situationen reagieren und die mathematischen Aufgaben lösen. Hinzu kommt noch, dass die Situation spielerisch gestaltet werden muss.

Beispiel: Rollenspiel zum Thema „Auf dem Markt"
Die Schüler spielen eine Verkaufssituation auf dem Markt nach.

2.2.5 Projektorientierte Aufgaben

Projektorientierte Aufgaben lassen sich zwischen einem Projekt und einer Sachaufgabe einordnen, wobei das Problem nur auf mathematisch relevante Inhalte beschränkt und auch inhaltlich und organisatorisch in den Mathematikunterricht eingegliedert wird.

Während der Bearbeitung von projektorientierten Aufgaben sollten sich offene und stärker lehrerzentrierte Unterrichtsphasen abwechseln. Im Idealfall werden dabei folgende vier Bearbeitungsphasen durchlaufen:

„1. Angebot einer herausfordernden Situation

2. Herausarbeiten einer oder mehrerer Problemstellungen

3. Selbstständiges Problembearbeiten durch die Kinder

4. Auswertung, Rückbesinnung"[15]

Was projektorientierte Aufgaben im Hinblick auf die Lernziele von den anderen Aufgabentypen beim Sachrechnen unterscheidet, ist, dass nicht nur die mathematischen Kompetenzen angewendet werden sollen und das mathematische Modellieren geübt wird, sondern dass auch die Bildungs- und Erziehungsziele, wie z.B. die Entwicklung der sozialen Kompetenzen und selbstständiges Arbeiten gefördert werden.

Um projektorientierte Aufgaben bearbeiten zu können, müssen die Schüler zu allererst einmal die reale Sachsituation analysieren und dann Aufgaben aus dem Bereich

---

[15] Fuchs, M.: Lösen von Sachaufgaben, S. 8.

formulieren, mit dem sie sich beschäftigen. Zum Schluss folgt die Lösung der mathematischen Aufgaben. Die Schüler müssen sich aber auch Materialien besorgen, die für das Thema bzw. die Aufgaben relevant sind. Ferner spielt auch die Kommunikation unter den Schüler eine große Rolle. Des Weiteren gehört zu den projektorientierten Aufgaben, dass die Schüler ihre gewonnen Ergebnisse richtig einschätzen können. Eine weitere Tätigkeit ist das „Herausstellen ihrer Bedeutung für eigenes Verhalten in realen Situationen"[16].

Beispiel: Thema: „Die Kohlmeise"

Die Schüler können dort z.b. herausfinden, wie lange die Aufzucht der Jungen dauert, wie viel in einer Woche Kohlmeise frisst usw. Es kann auch berechnet werden, wie viel Material man benötigt, um einen Nistkasten zu bauen und wie hoch die Materialkosten sind.[17]

2.2.6 Projekte

Die im Unterricht zu behandelnden Projekte stehen meist in enger Verbindung zum Alltag und sollten den Interessen der Schüler entsprechen. Wichtig ist dabei, dass das Thema in seiner Komplexität möglichst nicht eingeschränkt wird. Das Projekt ist interdisziplinär. Der Stundenplan wird außer Kraft gesetzt, damit die Schüler mehrere Stunden täglich an dem Projekt arbeiten können. Während der Projektarbeit ist eine offene Lernform vorherrschend. Jeder Schüler hat die Möglichkeit seinem Niveau und seinem Interesse entsprechend tätig zu werden.[18]

Wie auch bei den projektorientierten Aufgaben werden folgende vier Bearbeitungsphasen durchlaufen:

„1. Angebot einer herausfordernden Situation

2. Herausarbeiten einer oder mehrerer Problemstellungen

3. Selbstständiges Problembearbeiten durch die Kinder

4. Auswertung, Rückbesinnung"[19]

---

[16] Fuchs, M.: Lösen von Sachaufgaben, S. 8.

[17] Vgl. Melchior, D.: Denken und Rechnen 4, S. 30.

[18] Franke, Marianne: Didaktik des Sachrechnens in der Grundschule, S. 66.

[19] Fuchs, M.: Lösen von Sachaufgaben, S.9.

Bei der Bearbeitung eines Projektes soll neben den Kompetenzen aus den verschiedenen Fächern und auch das Alltagswissen miteinbezogen werden. Es werden das mathematische Modellieren geübt und die Bildungs- und Erziehungsziele gefördert.

Zu den Haupttätigkeiten bei der Projektarbeit zählen das „Analysieren von real en Sachsituationen, Bestimmen und Formulieren von (Problem-) Aufgaben, Finden von Lösungsansätzen, Aufstellen eines Lösungsplanes"[20]. Die Schüler suchen sich selbst weitere Materialien, die sie zur Bearbeitung benötigen. Am Ende der Projektarbeit werden die Lösungen bildlich dargestellt, aus den Lösungen heraus Schlussfolgerungen entwickelt und präsentiert.

Beispiel: Ein Projekt zum Thema „Zoo"

Die Schüler können sich z.b. mit der Frage beschäftigen, was ein Zoo ist. Werden die Tiere im Zoo behandelt, so könnten folgende Fragestellungen behandelt werden:

- *Welche Tiere leben im Zoo, wo kommen sie ursprünglich her?*

- *Wie leben die Tiere, was fressen sie?*

- *Wie groß bzw. schwer werden die Tiere?*

- *Wie alt können sie werden usw.?*

Das Thema Zoo lässt sich häufig außerdem noch mit einem Besuch im Zoo verbinden.

3 Didaktisches Stufenmodell

Bei der Erarbeitung eines Größenbereichs im Unterricht ist es wichtig, dass bestimmte Lernstufen durchlaufen werden. Diese sind im didaktischen Stufenmodell dargestellt.

---

[20] ebd., S.9.

1. „Erste Erfahrungen in Sach- und Spielsituationen,

2. direkter Vergleich von Repräsentanten einer Größe,

3. indirekter Vergleich mit Hilfe willkürlicher Maßeinheiten,

4. Erkennen der Invarianz einer Größe,

5. Indirekter Vergleich mit Hilfe standardisierter Maßeinheiten,

6. Entwicklung einer Vorstellung der standardisierten Einheitsgrößen,

7. Messen mit technischen Hilfsmitteln,

8. Verfeinern und Vergröbern der Maßeinheiten,

9. Rechnen mit Größen."[21]

4 Fallstudie zum Sachrechnen

4.1 Grundlagen der Fallstudie

Für die Schüler einer vierten Klasse habe ich einen Aufgabenzettel mit vier Aufgaben zu den verschiedenen Aufgabentypen des Sachrechnens nach Käpnick vorbereitet. Diese Aufgaben sollen sie in einer Unterrichtsstunde bearbeiten.

Zuerst führen einige Schüler ein Rollenspiel zum Thema „Auf dem Flohmarkt" durch. Für das Rollenspiel stelle ich verschiedene Gegenstände zur Auswahl, die auf einem Tisch aufgebaut werden. Diese Gegenstände sind jeweils mit einem Preisschild versehen, wobei die Preisschilder auch anderen Gegenständen zugeordnet werden können. Jeweils ein Schüler über-nimmt die Rolle des Verkäufers und ein anderer Schüler die des Kun-den. Der Schüler, der den Kunden spielt, hat

Gegenstände, die von den Schülern ge- bzw. verkauft werden können: •	
Buch klein: 2,00 €	Figuren zu je 0,60 €
Buch groß: 3,50 €	• Flummi : 0,40 €
• Spiel: 6,00 €	•• Lineal: 0,30 €
Hase: 7,50 €	• Schwein: 0,50 €
• Wecker: 12,20 €	

insgesamt 15€ zur Verfügung. Mit dem Rollenspiel wird eine Verkaufs-situation auf einem Flohmarkt simuliert. Während dieser Verkaufsituation müssen die Schüler

---

[21] Radatz, H.; Schipper, W: Handbuch für den Mathematikunterricht, S. 125.

vielfältige Anforderungen meistern, so müssen sie sich beispielsweise auf ihre Gegenüber einstellen und gleichzeitig auch ihr mathematisches Können an -wenden.

Nach dem didaktischen Stufenmodell zur Erarbeitung von Größenbereichen lässt sich das Rollenspiel der neunten Stufe zuordnen, da es sich einerseits nicht mehr um erste Sach- und Spielerfahrungen mit dem Größenbereich Geld handelt und anderer-seits die Entwicklung einer Vorstellung der standardisierten Einheitsgrößen bereits im Unterricht durchgenommen wurde. Im Vordergrund steht bei diesem Rollenspiel das Rechnen mit Geldbeträgen in einer Sachsituation.

Nachdem das Rollenspiel durchgeführt worden ist, bekommt jeder Schüler einen Aufgabenzettel mit drei Aufgaben.

Bei der ersten Aufgabe handelte es sich um ein Rechenrätsel, bei der zweiten Auf-gabe um eine Textaufgabe und die dritte Aufgabe war eine Rechengeschichte. Zur Klassifikation der verschiedenen Aufgabentypen nach Käpnick[22] zählen wie unter Punkt 2.2 bereits beschrieben noch projektorientierte Aufgaben und Projekte. Diese können aber aus organisatorischen Gründen nicht durchgeführt werden, da zur Durchführung von Projekten und projektorientierten Aufgaben mehrere Stunden be-nötigt werden.

Bei dem Rechenrätsel müssen die Schüler die gesuchte Lieblingszahl finden. Es handelt sich dabei um eine Umkehraufgabe, d.h. die Schüler müssen nicht wie in der Aufgabe genannt, subtrahieren, sondern die Addition anwenden um auf die gesuchte Zahl zu kommen. Bei dieser Aufgabe sollen die Schüler ihre Rechenfertigkeiten an -wenden. Ein weiterer Aspekt ist das sinnverstehende Lesen, was nötig ist, um diese Aufgabe richtig lösen zu können.

Zur Lösung der Textaufgabe sind zwei Rechenschritte nötig. Beim ersten Rechen -schritt muss die Subtraktion und beim zweiten Rechenschritt die Addition verwendet werden. Für das Verständnis der Textaufgabe ist es wichtig, dass die Schüler das Wort „ausgeborgt" mit der Rechenoperation subtrahieren und das Wort „zurück-geben" mit der Rechenoperation addieren verbinden. Zur Lösung der Textaufgabe gehört außerdem, dass die Schüler einen Antwortsatz formulieren.

Für die Rechengeschichte erhalten die Schüler ein Bild aus dem sie alle quantita-tiven Informationen entnehmen können.

---

[22] Vgl. Fuchs, M.: Lösen von Sachaufgaben, S.3.

Die Rechengeschichten eignen sich sehr gut zur Differenzierung. Die Schüler können sich selbst einen Ausschnitt des Bildes aussuchen und entscheiden, wozu sie eine Rechengeschichte erzählen bzw. schreiben möchten. Auch den Schwierigkeitsgrad sowie den Inhalt der Aufgabe können sie selbst bestimmen, da es viele mögliche Aufgaben gibt.

4.2 Auswertung

Für die Durchführung und die Bearbeitung des Aufgabenzettels mit den verschiedenen Aufgabentypen beim Sachrechnen stand den Schülern insgesamt eine Schulstunde, d.h. 45 Minuten Zeit zur Verfügung.

Der Aufgabenzettel wurde in Einzelarbeit bearbeitet, damit besser erkennbar ist, welche Fehler jeder einzelne Schüler bei der Lösung der einzelnen Aufgaben gemacht hat.

Nachdem jeder Schüler einen Aufgabenzettel erhalten hat, habe ich zunächst die einzelnen Aufgaben nacheinander vorgelesen und im Anschluss daran den Schülern noch die Möglichkeit gegeben, Fragen zu den einzelnen Aufgaben zu stellen.

Bei Aufgabe 1 habe ich nach der Bedeutung des Begriffs „subtrahiere" gefragt, da die Bedeutung dieses Begriffs von zentraler Bedeutung für die Lösung der Aufgabe ist. Des Weiteren wurde bei der Rechengeschichte (Aufgabe 3) der Begriff „Tagesproduktion" von mir erklärt, da nicht alle Schüler wussten, was mit Tagesproduktion gemeint ist. Auch der Begriff „PKW" musste von einem Schüler erklärt werden, da ein Schüler nicht wusste, was ein PKW ist.

Das Rollenspiel wurde insgesamt dreimal von sechs verschiedenen Schülern durchgeführt. Während die ersten beiden Schüler noch mit einer Begrüßung begannen, bevor der Schüler E. etwas kaufen konnte, fingen die anderen beiden Schüler das Rollenspiel damit an ihrem Gegenüber, dem Verkäufer, zu erzählen was sie gerne haben möchten. Beim zweiten Rollenspiel wurden die Preise von dem Schüler A. vor Beginn des Rollenspiels geändert. Die anderen beiden Schüler, die jeweils die Verkäufer spielten, haben keine Änderungen vorgenommen. Von den Schülern, die die Kunden gespielt haben, hat niemand versucht die Preise herunterzuhandeln, wie es teilweise auf einem Flohmarkt auch üblich ist, obwohl einige Schüler schon auf einem Flohmarkt waren.

Bei dem ersten Rollenspiel fiel auf, dass die Schülerin E. keine Vorstellung hat, wie viel bzw. was man für 15€ kaufen kann. Sie begann einfach verschiedene Gegenstände zu kaufen bis dem Schüler, der den Verkäufer spielte, auffiel, dass sie nur 15€ zur Verfügung hatte und dass das Geld nicht für die gekauften Gegenstände ausreichte.[23] Des Weiteren verrechnete sich der Schüler K., der den Verkäufer spielte, zuerst, aber gleich danach fiel ihm auf, dass sein Ergebnis nicht stimmte und er korrigierte es. Daraufhin gab die Schülerin E. dem Schüler K. Geld ohne vorher abzuzählen, ob das Geld überhaupt ausreicht. Sie fragte einfach: „Reicht das?" und der Schüler K. musste dann erst einmal das Geld zählen, um herauszufinden, ob die Schülerin E. ihm genügend Geld gegeben hatte.

Die Schülerin E. scheint sehr wenig Erfahrungen im Umgang mit Geld gemacht zu haben, sie weiß wie ein Verkaufsgespräch abläuft, kann aber nicht abschätzen wie viel man für einen bestimmten Geldbetrag kaufen kann, da sie nicht im Kopf über-schlägt wie viel die einzelnen Gegenständen zusammen kosten werden.

Bei dem dritten Rollenspiel fiel auf, dass der Schüler N., der den Verkäufer spielte nicht seinem Kunden, der Schülerin M., mitteilte wie viel sie zusammen bezahlen musste. Die Schülerin M. hatte aber im Kopf mitgerechnet und gab dem Schüler N. das Geld passend hin.[24]

Auffällig bei dem zweiten Rollenspiel ist, dass der Schüler A. , der den Verkäufer darstellt, nicht sehr gut im Kopfrechnen ist, da er einige Minuten benötigt um die Preise von zwei Gegenständen, die der Schüler D. gekauft hat, zu addieren.[25]

Von den 23 Schülern, die das Rechenrätsel (Aufgabe 1) bearbeitet haben, lösten 5 Schüler die Aufgabe richtig und 17 Schüler errechneten die falsche Lösung. Unter den 5 Schülern, die die Aufgabe richtig gelöst haben, waren zwei Mädchen und drei Jungen.

Auffällig bei dieser Aufgabe ist, dass von den 17 Schülern, die die Aufgabe falsch gelöst haben, 14 Schüler den gleichen Fehler gemacht haben. Anstatt die Zahlen zu addieren, haben sie die in dem Rechenrätsel genannten Zahlen subtrahiert. Die Ursache für diesen Fehler liegt in der Prozessstruktur, d.h. die Schüler haben den gegebenen Text nur sehr oberflächlich analysiert, d.h. sich nur auf das Schlüssel-

---

[23] siehe Rollenspiel 1 Anhang S. 18.

[24] Rollenspiel 3, siehe Anhang S. 18f.

[25] Rollenspiel 2, siehe Anhang S. 18.

wort „subtrahieren" konzentriert, ohne den gesamten Kontext mit einzubeziehen. Dadurch, dass sie sich nicht ausreichend mit dem Inhalt der Aufgabe auseinandergesetzt haben, wählten sie falsche Rechenoperation, die zwangsläufig zu dem falschen Ergebnis führen musste. Da es sich bei diesem Rechenrätsel um eine Umkehraufgabe handelt, mussten die Schüler die gedanklichen Bezüge umkehren und dieses Umkehren „erfordert eine intensive analytische Auseinandersetzung mit dem Text".[26]

Ein anderer Schüler hat zwar den richtigen Rechenweg gewählt und auch die richtige Probe gerechnet, aber einen falschen Antwortsatz formuliert. In seinem Antwortsatz gibt er als Lösung der Aufgabe das Ergebnis der Probe an.

Das Umkehren der gedanklichen Bezüge scheint den Schülern sehr große Schwierigkeiten zu bereiten. Was aber auffällt, wenn man die Leistungen der Schüler im Mathematikunterricht betrachtet, ist, dass die Aufgabe überwiegend von Schülern richtig gelöst wurde, die sich nach ihren bisherigen Leistungen im Mittelfeld einordnen lassen, wohingegen nur einer der als „gut" eingestuften Schüler die Aufgabe richtig gelöst hat.

Die Textaufgabe (Aufgabe 2) wurde ebenfalls von 23 Schülern bearbeitet. Von den 23 Schülern haben zehn Schüler die Aufgabe richtig und 13 die Aufgabe falsch gelöst. Unter den 10 Schülern, die die Aufgabe richtig gelöst haben, waren sechs Jungen und vier Mädchen.

Von den 13 Schülern, die die Aufgabe falsch gelöst haben,

- haben drei Schüler den zweiten Rechenschritt vergessen. Der erste Rechenschritt (1000 - 479) wurde richtig ausgeführt. Die Ursache für diesen Fehler liegt sowohl in der mathematischen Struktur als auch in der Prozessstruktur, da einzelne Teilschritte beim Lösen der Aufgabe übersehen und Teilinformationen nicht berücksichtigt wurden. Die Schüler haben den Text nicht gründlich genug gelesen.

---

[26] Schipper, W.; Dröge, R.; Ebeling, A.: Handbuch für den Mathematikunterricht. 4. Schuljahr, S. 233.

- Ein Schüler hat sich beim ersten Rechenschritt verrechnet, so dass er nicht mehr auf das richtige Ergebnis kommen konnte, da auch das Ergebnis aus dem ersten Rechenschritt beim zweiten Rechenschritt wieder verwendet werden muss. Die Ursache für Rechenfehler liegt in der Prozessstruktur.

- Ein Schüler hat die Aufgabe in drei Rechenschritten gelöst. Der erste Rechenschritt wurde von ihm richtig ausgeführt. Er hat von den 1000 in der Bücherei vorhandenen Büchern 479 abgezogen, die am Montag ausgeliehen wurden. Danach hat er aber von den 479 Büchern, die am Montag ausgeliehen worden sind, die 335 Bücher subtrahiert, die am Freitag wieder zurückgegeben wurden. Das Ergebnis aus diesem Rechenschritt hat er dann mit dem Ergebnis aus dem ersten Rechenschritt addiert. Die Ursache für diesen Fehler liegt in der mathematischen Struktur, da der Schüler die mathematische Struktur nicht richtig erkannt hat.

- Zwei Schüler haben einfach alle in der Textaufgabe genannten Zahlen von 1000 subtrahiert. Sie haben das Wort „ausgeborgt" richtig mit der Rechenoperation Subtraktion in Verbindung gebracht, aber das Wort „zurückgegeben" nicht mit der Rechenoperation Addition verbunden. Die Ursache für diesen Fehler liegt in der mathematischen Struktur.

Von den 23 Schülern, die die Rechengeschichte bearbeitet haben,

- haben nur acht Schüler eine Geschichte zu ihrer Aufgabe geschrieben. Die anderen Schüler sind nach dem Schema Frage-Rechnung-Antwort vorgegangen, wie sie es von der Lösung von Sachaufgaben gewöhnt sind.

- 12 Schüler haben sich gleich mehrere Aufgaben ausgedacht. Ein Schüler hat sogar fünf verschiedene Aufgaben gefunden. Die meisten Aufgaben beziehen sich auf das Gewicht der Autos und die Tagesproduktion. So wurde ausgerechnet wie viel ein Pkw und ein Kombi zusammen wiegen oder wie viele Pkws und Kombis an einem Tag produziert werden. Einige Schüler haben auch ausgerechnet wie viele Pkws oder Kombis in einer Woche produziert werden oder wie viele Autos zusammen in einer Woche hergestellt wurden.

Bei den Rechengeschichten kam es teilweise zu Rechenfehlern, deren Ursache in der Prozessstruktur liegt.

4.3 Fehlertypen

Marianne Franke teilt in dem Buch „Didaktik des Sachrechnens in der Grundschule" die verschiedenen Ursachen von Fehlern in vier verschiedene Fehlertypen ein. Dabei unterscheidet sie zwischen Identifikationsfehlern, Fehlern beim Strukturieren des Lösungsplanes, fehlerhaften Verkürzungen des Lösungsplans bei mehrschrittigen Aufgaben und Fehlern bei der verbalen Antwort.[27]

Im Folgenden werde ich die Fehler, die von den Schülern bei der Bearbeitung der verschiedenen Aufgaben gemacht wurden, im Hinblick auf diese vier Fehlertypen untersuchen.

Als die 14 Schüler bei dem Rechenrätsel die Zahlen subtrahiert und nicht addiert haben, um auf die Lösungszahl zu kommen, haben die Schüler einen Identifikationsfehler gemacht. Sie haben das Wort „subtrahiere" als Signalwort für die zu verwendende Rechenoperation verstanden. Daraus lässt sich erkennen, dass sie den Text nur nach Signalwörtern für eine Rechenoperation durchsucht und sich nicht richtig mit dem Inhalt der Aufgabe auseinandergesetzt haben.

Zu dem Fehlertyp „Fehler bei der verbalen Antwort" zählt der Fehler bei dem Schüler, der die Aufgabe richtig gelöst, eine Probe gerechnet hat und dann in seinem Antwortsatz das Ergebnis der Probe als Lösung der Aufgabe angibt. Zu diesem Fehler kommt es, weil der Schüler die Fragestellung nicht beachtet und somit mit seinem Antwortsatz die Frage nicht richtig beantwortet.

Bei den drei Schülern, die bei der Textaufgabe den zweiten Rechenschritt vergessen haben, handelt es sich um eine fehlerhafte Verkürzung des Lösungsplanes bei mehrschrittigen Aufgaben. Die Schüler haben die in der Textaufgabe geschilderte Situation nicht vollständig erfasst, so dass für die richtige Lösung der Aufgabe relevanten Informationen nicht mit einbezogen wurden. Als Fehler beim Strukturieren des Lösungsplanes wird der Fehlertyp bezeichnet, den man bei den zwei Schülern findet, die einfach alle im Text genannten Zahlen von den 1000 Büchern subtrahiert haben und bei dem Schüler, der die Aufgabe in drei Rechenschritten gelöst hat. Die drei Schüler haben die im Text genannten Angaben nicht richtig verknüpft.

---

[27] Vgl. Franke, Marianne: Didaktik des Sachrechnens in der Grundschule, S.114.

Des Weiteren kann man diesen Fehler auch noch als Identifikationsfehler bezeichnen, da die Zahlen sich alle durch die Subtraktion verknüpfen lassen.

5 Interview

In der darauffolgenden Stunde habe ich mit einigen Schülern aus der Klasse im Rahmen eines Interviews zum Thema „Sachaufgaben" befragt.

In dem Interview wollte ich von den Schülern wissen, ob sie Sachaufgaben mögen. Wenn die Schüler auf die Frage mit ja geantwortet haben, habe ich sie gefragt, was sie an den Sachaufgaben mögen und wenn sie mit nein geantwortet haben, dann habe ich sie gefragt, was sie an Sachaufgaben nicht mögen. Des Weiteren sollten die Schüler mir erzählen, was ihre Lieblingssachaufgabe ist und ob sie Sach-aufgaben schwieriger finden als „normale" Aufgaben. Zum Schluss wollte ich noch wissen, welche Aufgabe von dem Aufgabenzettel sie am leichtesten fanden.

Die Antworten der neun befragten Schüler auf die Frage, ob sie Sachaufgaben mögen, waren sehr unterschiedlich. Drei Schüler sagten, dass sie Sachaufgaben gut finden, ein Schüler mag überhaupt keine Sachaufgaben und die anderen fünf Schüler machen es von den Sachaufgaben abhängig, die sie lösen sollen. Was die Schüler an den Sachaufgaben nicht mögen, ist, der Text, der zu einer Sachaufgabe gehört und dass sie immer so viel schreiben müssen. Damit meinen die Schüler, dass sie bei Sachaufgaben immer erst eine Frage formulieren, dann die Rechnung aufschreiben und zum Schluss noch einen Antwortsatz schreiben müssen.

Auf die Frage nach den Lieblingssachaufgaben antwortete ein Schüler, dass es Text-aufgaben seien. Vier Schüler sagten, dass sie keine Lieblingssachaufgaben hätten und zwei Schüler fanden „Minusrechnen", d.h. die Subtraktion und „untereinander rechnen", d.h. sowohl Subtraktion als auch Addition am besten. Anhand der Ant-worten dieser zwei Schüler lässt sich erkennen, dass sie nicht wussten, was zu den Sachaufgaben zählt. Sechs der befragten Schüler fanden Sachaufgaben schwieriger als „normale Aufgaben", wie ich sie im Interview bezeichnet habe. Ein Schüler sagte mir, dass er Sachaufgaben schwieriger findet, weil „man da erst alles nachgucken muss und wenn man sich dann verliest, ist die ganze Aufgabe falsch". Der Schüler weiß, worauf es beim Sachrechnen ankommt. Es geht unter anderem um das sinn-verstehende Lesen. Um eine Sachaufgabe richtig zu lösen, ist es wichtig die Auf-gabe genau zu analysieren, damit man die Aufgabe richtig lösen kann.

Ein Schüler gab zur Antwort, dass es darauf ankomme wie schwer die Sachaufgaben und wie schwer die „normalen Aufgaben" seien.

Von dem Aufgabenzettel fanden alle Schüler die Aufgabe zwei, d.h. die Textaufgabe, am leichtesten. Die Textaufgabe ist immer noch der im Mathematikunterricht am meisten gebrauchte Aufgabentyp beim Sachrechnen und den Schülern am vertrautesten. Mit Sachrechnen verbinden sie überwiegend das Lösen von Textaufgaben.

6 Abschließende Bemerkungen

Wenn es um den Bereich des Sachrechnens im Mathematikunterricht geht, so verbinden die Schüler damit überwiegend Textaufgaben. Daraus lässt sich erkennen, dass die Textaufgaben immer noch einen großen Stellenwert im Sachrechnen einnehmen, obwohl es noch zahlreiche andere Aufgabentypen gibt. Dies hängt aber wahrscheinlich auch stark von dem im Unterricht verwendeten Lehrwerk ab. In der vierten Klasse wird mit dem Lehrwerk Denken und Rechnen von Westermann gearbeitet. Eine der Hauptschwierigkeiten für die Schüler ist die genaue Analyse des Textes bei Sachaufgaben und für einige Schüler wirkt dieser Text auch etwas abschreckend.

Sehr viel Spaß hat den Schülern das Rollenspiel gemacht. Sie konnten dort das im Mathematikunterricht Gelernte anwenden, es ist keine Aufgabe vorgegeben und die Schüler können selbst bestimmen, wie sie sich in der Situation verhalten wollen. Für die Schüler war das Rollenspiel sehr interessant, da sie bisher kaum ein Rollenspiel im Mathematikunterricht gemacht haben.

Viele Schüler wissen gar nicht genau, was Sachrechnen überhaupt ist und dass es dort nicht nur Textaufgaben gibt. Diese Schüler verbinden den Mathematikunterricht nur mit der Arithmetik und den vier Rechenoperationen.

7 Literaturverzeichnis

1) Ernst, G., Leiniger, P.: Rechenbegleiter 3. Schuljahr. Ausgabe D. Stuttgart. Ernst Klett Schulbuchverlag: 1990.

2) Franke, M.: Didaktik des Sachrechnens in der Grundschule. Heidelberg. Spektrum: 2003.

3) Fuchs, M.: Lösen von Sachaufgaben. Unveröffentl. Script

4) Melchior, D.: Denken und Rechnen 4. Braunschweig. Westermann: 1998.

5) Radatz, H., Schipper, W.: Handbuch für den Mathematikunterricht an Grundschulen. Hannover. Schroedel: 1983.

6) Schipper, W., Dröge, R., Ebeling, A.: Handbuch für den Mathematikunterricht.   4. Schuljahr. Hannover. Schroedel: 2000.

7) Wittmann, E. u.a.: Das Zahlenbuch. Mathematik im 3. Schuljahr. Klett: Leipzig o.J.

Anhang

1. Rollenspiele

Rollenspiel 1:

E: „Hallo!"

K: „Hallo!"

E: „Hmh, ich nehme einmal die Uhr!"

K: „Ja, und?"

E: „Und ich nehme dieses Kätzchen."

K: „Sonst noch irgendetwas?"

E: „Ja, und ich nehme diesen Hasen da."

K: „Ist das alles?"

E: „Ja."

K: „Wie viel Geld? Das würde nicht hinkommen. Du hast nur 15€! Was wollen Sie
jetzt?"

E: „Ich nehme jetzt diese Figur und ich nehme diesen Wecker."

K: „Okay, das wären dann 12,60, äh, 12,80."

E: „Reicht das?" *(gibt K. das Geld)*

K: „Ja, *(nach einigen Minuten, zählt das Geld)*13€, dann kriegst du 20 Cent zurück.
Hier." *(gibt E. das Wechselgeld)*

Rollenspiel 2:

D: „Ich nehme das Buch."

A: „2 €. Sonst noch etwas?"

D: „Und noch, noch den Ball, und, und, und die Katze. Das war's."

A: *(nach einigen Minuten)* „Das kostet 3,80 €."

D: *(gibt A. 4€)*

A: „Und sie kriegen noch 20 Cent zurück."

Rollenspiel 3:

M: „Ich würde gerne diese Figur nehmen."

N: „Die kostet 60 Cent. Außerdem?"

M: „Und dann würde ich noch gerne die hier dazu kaufen."

N: „Also 20 Cent."

M: *(gibt N. das Geld passend hin)*

N: *(gibt M. die gekauften Gegenstände)* „Bitteschön".

M: „Dankeschön."

2. Aufgaben

1. Wie heißt meine Lieblingszahl?
Wenn ich von meiner Lieblingszahl 694 subtrahiere, erhalte ich 83.

2. In einer Bücherei gibt es 1000 Bücher.
Am Montag wurden 479 Bücher ausgeborgt, am Freitag wurden 335 Bücher wieder zurückgegeben.
Wie viele Bücher können noch ausgeborgt werden?[28]

3. Erfinde eine Rechengeschichte.[29]

[28] aus: Zahlenbuch 3, S. 94.

[29] verändert nach: Melchior, D.: Denken und Rechnen 4, S. 46.

Erklärung

Ich versichere, dass die vorliegende Arbeit ohne fremde Hilfe angefertigt wurde, und dass ich außer der von mir angegebenen Literatur keine weitere benutzt habe. Die wörtlich übernommenen Stellen sind als solche gekennzeichnet.

Lahstedt, den

Berit Haberlag